Guide: l'elevage hors sol de
poisson chat(clarias)
un business lucratif
DR Geoffroy B AMPIRI

L'ÉLEVAGE DE POISSONS CHAT (CLARIAS) UN BUSINESS LUCRATIVE

table de matiere

4. La construction des bacs hors sol
5. le contrôle de la qualité de l'eau
6. La Reproduction: la production des alevins
7. production des poissons adultes
8. l'alimentation et le suivi journalier d'une ferme piscicole
9. les maladies des poissons chat
10. Le budget : compte prévisionnel pour l' élevage de 500 poissons

1. INTRODUCTION A LA PISICICULTURE

La pratique de la pisciculture est très ancienne.. Déjà dans l'antiquité, les Égyptiens et les Romains élevaient les poissons. Depuis environ 2500 ans avant Jésus-Christ, les Chinois pratiquaient la carpiculture. Ils ont ainsi « créé » le fameux poisson rouge d'aquarium par une sélection patiente et minutieux aboutissant aux formes étranges et colorées que nous rencontrons parfois dans des bocaux et aquariums. En Europe, la pisciculture a été introduite par des moines au Moyen Age. En Afrique, c'est après la seconde guerre mondiale que des tentatives ont été faites pour l'introduire et la développer. Elle connut un début spectaculaire, mais très vite, après les indépendances, de profonds bouleversements conduisent cette activité à une forte régression, qui s'explique également par le manque de personnel d'encadrement et la méconnaissance des espèces utilisées. Au cours de ces dernières années, grâce à des résultats encourageants des recherches effectuées en Afrique sur certaines espèces comme les Tilapia (Carpe), Chrysichtys (Poisson Ministre) et Clarias (Poisson chat),

Certains gouvernements prennent conscience de l'intérêt de la pisciculture. Le premier objectif de la pisciculture étant d'améliorer le régime alimentaire et les conditions de vie des populations rurales. On l'envisage aujourd'hui plus comme une activité commerciale entreprise à l'échelle artisanale ou semi industrielle.

2. GENERALITE SUR LES CLARIAS

Le genre Clarias Regroupe un certain nombre d'espèces de poissons d' eau douce.il se caractérise notamment par un corps plus ou moins allongé.une tête aplatie et la présence d'une seule nageoire dorsale, s' étendant jusqu'à la nageoire caudale. La nageoire adipeuse est donc est donc absente (à l'exception d'une espèce possédant une nageoire adipeuse réduite) ,les nageoires paires ne sont pas confluentes les yeux à bord libre, sont très petits le genre clarias a été divisé en 6 sous genre

Le Clarias possède deux atouts:

- Le poisson-chat, de son nom scientifique, *Clarias Gariepinus* est fort apprécié en Afrique. Il possède des valeurs nutritives très intéressantes et rentre dans la composition de nombreux plats. Il se cuisine de différentes façons. Sa demande ne cesse de croître.

- on en trouve dans le milieu naturel. On peut donc soit pêcher les alevins ou les juvéniles dans le milieu naturel, soit pratiquer la reproduction qui se révèle parfois délicate.

Le grossissement, en plus d'être aisé, est spectaculaire car les poissons grossissent très vite, Le clarias prend généralement en moyenne 5 mois pour atteindre la taille de table. À cet âge, ils ont généralement un poids moyen de 1 kg. Le poids atteint par le poisson-chat après 5 mois est cependant variable en fonction d'un certain nombre de facteurs qui peuvent inclure, la qualité des alevins utilisés, la qualité des aliments, la qualité de la gestion de l'eau, l'absence de maladie, la densité de peuplement entre autres. Il n'est pas rare d'avoir des poissons pesant jusqu'à 1,5 kg après

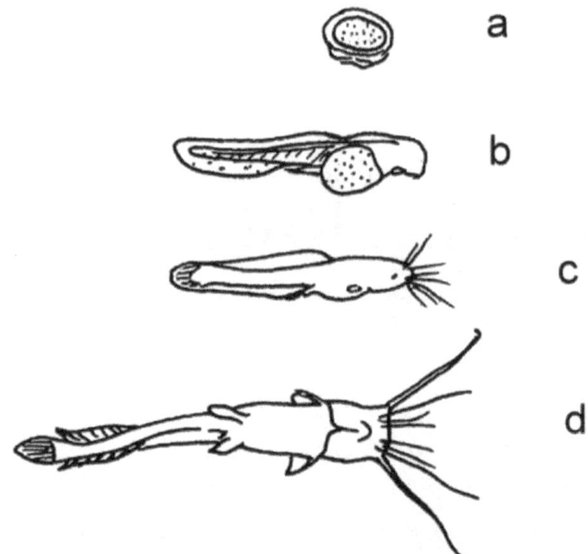

Figure 6.4 : Les stades du Clarias

cinq mois

Stade de développement du clarias

lettres correspondant à l'image	taille	poids

a oeufs	1-1,6mm	1,2-1,6 mg
b larves	5-7 mm	1,2 - 3 mg
c Alevins	8-30 mm	3-1,000 mg
d juveniles	3-10 cm	1-10 g
poissons adultes	32-140 cm	0,3-16 kg

3. LES DIFFÉRENTES TYPES DE BACS HORS SOL

La pisciculture se fait souvent en étang. Le poisson peut aussi s'élever en dehors de son habitat naturel, dans un bassin ou dans des bacs. Il existe des bacs en béton et Le bac hors sol en bâche ou en plastique aussi désigné par l'anglicisme « raceway ».

Du salon à la ferme, en passant par les terrasses, même sur les toits, les bacs nous permettent de produire du poisson de bonne qualité, en quantité suffisante aussi bien pour la consommation que pour la commercialisation. Ils offrent l'avantage d'une flexibilité de dimensions, d'une réduction du taux de mortalité, d'un bon suivi des poissons. Aussi, le recyclage facilité de l'eau, l'environnement d'élevage hautement contrôlé peuvent être cités comme des avantages de ce système de production. Le bac hors sol , en pisciculture, permet un très fort renouvellement d'eau par unité de temps et, est généralement utilisé pour l' élevage intensif

4. LA CONSTRUCTION D'UN BASSIN PISCICOLE HORS SOL

Voici les étapes de base pour vous guider :

1. Choisissez l'emplacement : Sélectionnez un emplacement approprié pour votre bassin hors sol. Assurez-vous qu'il reçoit suffisamment de lumière solaire et qu'il est bien nivelé.
2. Déterminez la taille : Définissez la taille du bassin

en fonction de l'espace disponible et du nombre de poissons que vous souhaitez élever. Assurez-vous qu'il est suffisamment profond pour permettre aux poissons de nager confortablement.

3. Préparez le sol : Retirez les débris, les roches et les racines de la zone où vous construirez le bassin. Assurez-vous que le sol est bien compacté et nivelé.

4. Choisissez le matériau : Vous pouvez utiliser différents matériaux pour construire le bassin hors sol, tels que des bâches en PVC, des réservoirs en plastique ou des structures en bois. Sélectionnez le matériau qui convient le mieux à vos besoins et à votre budget.

5. Installez le revêtement : Si vous utilisez une bâche en PVC, déployez-la sur le sol préparé et étirez-la soigneusement pour éliminer les plis. Fixez les bords de la bâche en les enterrant ou en les fixant à une structure en bois. Assurez-vous que le revêtement est bien étanche pour éviter les fuites.

6. Ajoutez de l'eau : Remplissez le bassin avec de l'eau. Utilisez de l'eau propre et exempte de produits chimiques nocifs pour les poissons.

7. Installez les systèmes de filtration et d'aération : Pour maintenir une bonne qualité d'eau, vous devrez installer un système de filtration pour éliminer les déchets et les substances indésirables. Un système d'aération, tel qu'une pompe à air, peut également être nécessaire pour fournir de l'oxygène aux poissons.

8. Introduisez les poissons : Une fois que le bassin est prêt et que l'eau a été traitée pour éliminer le chlore ou autres contaminants, vous pouvez introduire les poissons. Assurez-vous de choisir des espèces adaptées à votre environnement et respectez les recommandations en matière de densité de population.

9. Entretien régulier : Maintenez une surveillance régulière de la qualité de l'eau, de la santé des poissons et de l'entretien général du bassin. Effectuez les ajustements

nécessaires en fonction des besoins de vos poissons.

N'oubliez pas de consulter les réglementations locales concernant la construction de bassins piscicoles pour vous assurer de respecter toutes les exigences légales et de sécurité.

L'un des inconvénients de la production en hors sol reste le renouvellement obligatoire et fréquent de l'eau. La fréquence de renouvellement de l'eau dépend de la qualité de l'aliment servi aux poissons et de la densité d'empoissonnement ainsi que l'âge des sujets

5. LA GESTION DE LA QUALITÉ DE L'EAU

Le grand poisson-chat africain résiste à des conditions de vie très dures (oxygène, PH, écart de température...) par rapport à d'autres espèces plus fragiles. Cependant, il faut veiller à respecter au maximum les recommandations basiques (surfaces, espaces entre bassins, désinfections des salariés et visiteurs...).Un pourcentage énorme de décès de poissons est lié à des problèmes de gestion de l'eau. La conception du bac doit tenir compte du pH de l'eau (l'eau acide tue les poissons très rapidement, l'eau basique ou neutre convient aux alevins.. Les besoins en oxygène des poissons dépendent d'un système efficace de gestion de l'eau, car une croissance excessive du plancton entraîne une compétition pour l'oxygène entre le plancton et le poisson-chat. Les déchets de poisson ainsi que la pollution provenant des aliments réduisent également la teneur en oxygène de l'eau de l'étang, ce qui entraîne un stress pour les poissons. Une indication de la diminution de l'oxygène est lorsque les poissons sont vus pendant

des périodes considérables à la surface de l'eau (essayant de mieux respirer). L'eau doit être remplacée de temps en temps (bien que cela puisse être un défi dans les endroits où la disponibilité de l'eau est un problème)
L'objectif de chaque pisciculteur est d'élever un poisson jusqu'à un poids corporel d'un kilogramme ou plus dans les plus brefs délais, généralement entre quatre et cinq mois si cela est fait correctement. Les prix unitaires pour la taille de table se situent entre 2000 et 3000 fr par kg à la sortie de la ferme

6. LA REPRODUCTION: LA PRODUCTION DES ALEVINS

Comme je l' ai toujours mentionnez l'afrique continue a importé en masse les poissons congele de l' europe et de l'amérique latine et de la chine,pour que nous puissions diminuer les importations l une des conditions est la productions commerciale en masse du poisson également pour rentabiliser ton business de poissons chat l'une des critères est l' augmentation de la production nous suggèrent des bande de 500 à 1000 poissons chaque 4 mois et pour cela l'idéal serait de produire ces propres alevins et de commercialiser le surplus , alors comment sont produit les alevins de poisson chat artificiellement

en effet le tout commence par le choix de géniteurs ou reproducteur tu dois avoir au moins 2 femelle de plus de 1 kg et qui portent déjà des oeufs la seul manière de vérifier c'est de presser légèrement son abdomen et les oeufs vont sortir de la cavité génitale ou utiliser un petit tube qui sera inserer dans la cavité génitale et aspirer quelques les oeufs , pour le mal étant donné qu' il sera sacrifié pour retirer les testicule cela est plus simple seulement il faut s'assure que le mal a plus de 5 mois donc c' est testicules continent suffisamment de sperme encore appeler laitance, environs 4 ml , la production des alevins est divisé en 2 parties la production des larves et le pré grossissement des larves ou production des alevins proprement dite

La procédure:pour la production des larves en 6 étapes

1.les reproducteurs sont désinfectés par un bain contenant 100 ppm de formol, ceci pour éviter de transmettre les maladies eu oeufs et ensuite aux larves

2. les femelles sélectionnées reçoivent par injection 4 mg d'extrait d'hypophyse séchée par kilogramme ou d'hormone ovaprim, l injection est faite dans le dos de préférable durant la nuit afin d' extraire les oeufs après 12 heures à la température de 25 degrés environs donc le lendemain matin

3. Les œufs sont expulsés par massage abdominal de la femelle. et recueillis dans un bol on peut récolter entre 30 à 100 000 oeufs par femelle

4. le mâle est sacrifier les 2 testicules sont prélevés et pressés dans un bol contenant une solution physiologique salée de chlorure de sodium (Nacl) sel de cuisine a 9 pour 1000

5. quelques gouttes de spermes obtenues sont versées dans le bol et mélangées avec les oeufs on y ajoute un peu d'eau pour activer les spermatozoïdes, ensuite on remue et on mélange le tout pendant au moins 30 secondes

6.. Les oeufs ainsi fécondé sont mis sur des plaques perforées ou tamisés on peut aussi utiliser des grillage anti moustique appliquer sur des tuyaux pvc le tout placé dans un bac d'éclosion a eau courante, normalement à une température 25 degrés les oeufs sont éclos,et les larves migrent au fond du bac, les oeufs morts non éclos collent sur la paroi du tamis celui ci est retirer et les oeufs sont jetés, le lendemain dans le bac d'éclosion les larves déformées non viables ne peuvent pas nages se déposent au fond du bac ils ont alors enlevé par siphonage à l'aide d'un tuyaux..alors nous avons nos larves d'environs 1 à 3 mg de poids

procédure pour la production des Alevins ou le pré grossissement des larves

1 . on procède au grossissement des larves pour avoir des alevins, ceci demande un suivi méticuleux dans l'écloserie comme dans l'image suivant le nettoyage quotidien des résidus et des larve mortes par siphonage, l'alimentation commence au 4eme jours après la résorption de la vésicule vitelline à une température d'environs 25 degrés , on donne de l'artemia au larves jusqu'ils pèsent 30 mg environs au jour 10 et après 30 mg on donne le trouvit ou l'aliment d'alevins ceci permet une croissance rapide, jusqu'à l'âge de 1 mois les larves sont devenues des alevins de poids 1 à 3g ceci sont triés et peuvent être déjà commercialisé à 100 f cfa l'unité et donc pour 100.000 produits ont peut avoir 1 million il faut après déduire les dépense ,

Une routine quotidienne d'écloserie de poisson-chat implique plusieurs tâches pour assurer le soin et la gestion appropriés des œufs et des alevins de poisson-chat. Voici une routine typique que vous pouvez suivre :

Vérification tôt le matin :

Commencez votre journée en vérifiant les paramètres de qualité de l'eau tels que la température, le pH, l'oxygène dissous et les niveaux d'ammoniac.

Inspectez les réservoirs et l'équipement de l'écloserie pour détecter tout signe de dommage ou de dysfonctionnement.

Collecte et tri des œufs :

Recueillez soigneusement les œufs de poisson-chat dans les réservoirs d'élevage à l'aide d'un filet à mailles souples ou d'un système de siphonnage.

Triez les œufs en fonction de leur stade de développement pour séparer les œufs sains et viables des œufs malsains.

Incubation des œufs :

Transférez les œufs sains dans des plateaux d'incubation ou des unités d'incubation spécialisées.

Assurer un environnement contrôlé avec un débit d'eau, une température et des niveaux d'oxygène appropriés pour une incubation optimale.

Surveillez régulièrement les œufs pour détecter tout signe de champignon ou de maladie et retirez rapidement les œufs affectés.

Alimentation:

Commencez à nourrir les alevins nouvellement éclos une fois qu'ils ont absorbé leurs sacs vitellins et commencent à nager activement.

Offrez des aliments de démarrage adaptés spécialement conçus pour les alevins de poisson-chat. Les aliments en poudre ou en microgranulés disponibles dans le commerce sont couramment utilisés.

Nourrissez les alevins plusieurs fois par jour en petites quantités, en vous assurant qu'ils consomment la nourriture en quelques minutes pour éviter la suralimentation et la pollution de l'eau.

Gestion de l'eau:

Maintenez une qualité d'eau optimale tout au long de la journée en surveillant la température, le pH et les niveaux d'oxygène dissous.

Effectuez des échanges d'eau réguliers ou des changements d'eau partiels pour éviter l'accumulation de déchets métaboliques.

Ajustez le débit d'eau et les systèmes d'aération si nécessaire pour fournir une oxygénation adéquate aux alevins en développement.

Prévention et contrôle des maladies :

Mettre en place un protocole de biosécurité strict pour prévenir l'introduction et la propagation de maladies.

Observez régulièrement les alevins pour tout signe de maladie, comportement anormal ou anomalies physiques.

Si nécessaire, consultez un vétérinaire ou un spécialiste de l'aquaculture pour diagnostiquer et traiter rapidement toute maladie ou problème de santé.

Tenue de dossiers :

Tenir des registres précis des activités quotidiennes, y compris les paramètres de qualité de l'eau, les horaires d'alimentation et toute observation concernant la santé et la croissance des alevins.
Ces enregistrements vous aideront à suivre les progrès du couvoir et à identifier les problèmes potentiels ou les améliorations nécessaires à l'avenir.
N'oubliez pas que cette routine peut être personnalisée en fonction des exigences spécifiques de votre écloserie de poisson-chat et des recommandations des experts locaux en aquaculture.

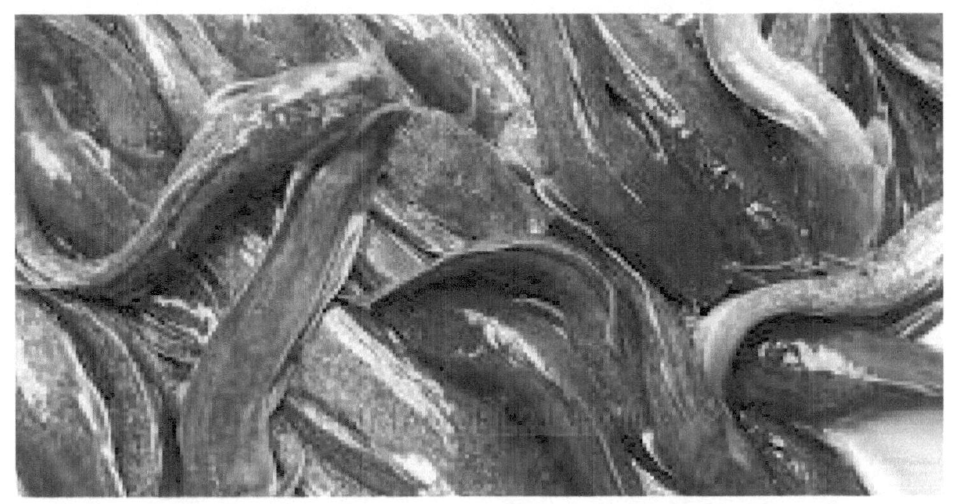

7. PRODUCTION DE POISSONS ADULTES

La production de poissons marchands s'appelle le grossissement. En monoculture, la mise en charge se fait avec des alevins de 5 à 10 g, à la densité de 10 par m2 soit 4.000 /4 ares. Les poissons sont nourris avec des granulés dosant 30 à 40 % de protéines. En général, la ration alimentaire journalière varie entre 10 à 2% du poids vif. Les poissons sont récoltés après 4 à 5 mois d'élevage au poids moyen de 400 à 600 g. On obtient un taux de survie de 80% et une productivité d' environ 400 kg /.

Pour un bon suivi journalier, on observe le comportement des poissons pour vérifier que tout est normal : oxygénation, absence de maladies, comme montré à la figure.

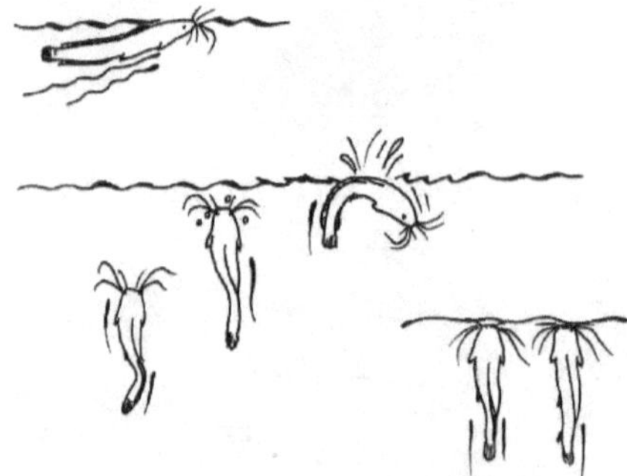

Légende :   recherche de
nourriture en surface (en
haut), respiration aérienne
(au centre), manque d'oxygène (en dessous, à droite)

8. L'ALIMENTATION ET LE SUIVI JOURNALIER D'UNE FERME PISCICOLE

Les aliments sont distribués 2 à 3 fois par jour aux poissons plusieurs types d' aliments sont disponible sur le marché

L'alimentation artificielle (provende) constitue la principale source nutritive des poissons

Les aliments se présentent sous forme granulé et peuvent être simples ou flottants :

- les aliments importés (Coppens, skretting, MultiFeed, Raanan fish feed ...) : coût élevé et pas toujours disponible, flottants ;
- les granulés fabriqués localement qui sont un mélange des

sous produits agricoles, agro-industriels et de transformation agro-artisanale. Il est important d'avoir une formule alimentaire adéquate pour de bonne croissance. généralement ils ne flottent pas

Les aliments importés sont utilisés pour le démarrage puisque flottant par la suite l' usage des granulés locaux est privilégié. Donc deux mois avec les aliments importés, deux ou trois mois avec les granulés locaux. L objectif étant de réduire le coût des aliments importés qui coûtent extrêmement cher

La quantité d'aliment distribuée par jour doit tenir compte du poids moyen des poissons et de la biomasse présente :

- Poisson de 11 à 25 g : 10 à 12% de la biomasse
- Poisson de 26 à 100 g : 6 à 10% de la biomasse
- Poisson de 101g à 250g : 3 à 5% de la biomasse
- Poisson de plus de 250g : 1 à 2% de la biomasse

Deux à trois services sont effectués par jour (1/2 de la ration journalière/service si c'est

deux services et 1/3 par service si c'est trois). Il faut nourrir les poissons chaque fois en

faisant dos à la direction du vent. Attirer les poissons en tapant les mains, une casserole

et en portant un vêtement de même couleur toutes les fois pour créer un réflexe.

Distribuer très lentement pour éviter les pertes.

NB : Ne jamais user de ces méthodes d'attraction pour pêcher les poissons . Arrêtez de nourrir vos poissons au moins un jour avant la reproduction, la récolte et le transport, afin de permettre aux poissons de terminer leur digestion. En général, les alevins peuvent jeûner pendant 24 heures, les juvéniles pendant 48 heures et les poissons adultes pendant 72 heures. Le stress qui accompagne ces événements fait que les poissons excrètent des résidus qui rendent l'eau turbide.

Le suivi se fait chaque jour

On observe le comportement des poissons pour vérifier que tout est normal : oxygénation, absence de maladies, comme montré à la figure 6.18.

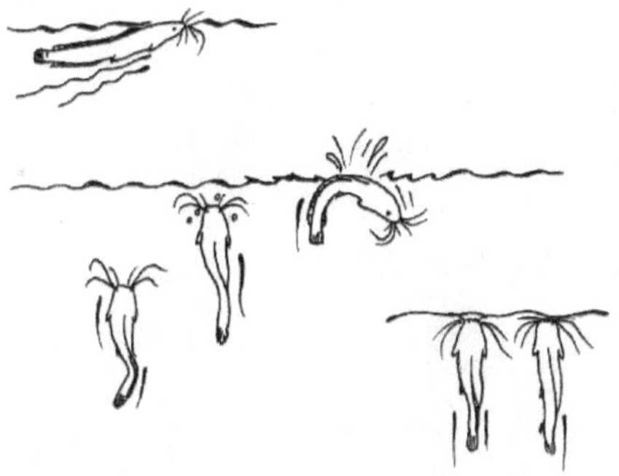

Légende :   recherche de nourriture en surface (en haut), respiration aérienne (au centre), manque d'oxygène (en dessous, à droite)

9. LES MALADIES

Voici quelques maladies courantes du poisson-chat et des thérapies potentielles :

Ich (Ichthyophthirius multifiliis) : Ich est une maladie parasitaire caractérisée par la présence de taches blanches sur le corps et les nageoires du poisson. Le traitement consiste généralement à augmenter progressivement la température de l'eau à environ 86 ° F (30 ° C) et à ajouter des médicaments appropriés comme le vert malachite ou le sulfate de cuivre à l'eau.

Columnaris (Flavobacterium columnare): Columnaris est une infection bactérienne qui affecte la peau, les nageoires et les branchies du poisson-chat. Le traitement peut impliquer l'administration d'antibiotiques comme l'érythromycine, la tétracycline ou le permanganate de potassium, ainsi que le maintien d'une bonne qualité de l'eau.
Pénicilline 40.000 U.I./100 litres Bains de 30 sec. Streptomycine 1 à 2 mg injection , Chloromycétine 50 mg /litre Bains prolongés

L'hydropisie : L'hydropisie est un symptôme plutôt qu'une maladie spécifique et est associée à une rétention d'eau et à un gonflement dans le corps du poisson. Elle peut être causée par divers problèmes sous-jacents tels que des infections bactériennes, une défaillance d'organe ou une mauvaise qualité de l'eau. Le traitement consiste à s'attaquer à la cause profonde, y compris l'antibiothérapie, l'amélioration des conditions de l'eau et une alimentation équilibrée.

Pourriture des nageoires : La pourriture des nageoires est une infection bactérienne qui affecte principalement les nageoires des poissons-chats. Il provoque l'effilochage, la détérioration ou la perte complète des nageoires. Le traitement consiste généralement à améliorer la qualité de l'eau, à fournir une alimentation équilibrée et à appliquer des médicaments antibactériens comme des antibiotiques ou des traitements antifongiques.

Champignon: Des infections fongiques peuvent survenir chez le poisson-chat, se manifestant souvent par une croissance blanche ou grise semblable à du coton sur le corps ou les nageoires. Les options de traitement comprennent des médicaments antifongiques comme le vert malachite, le bleu de méthylène ou le permanganate de potassium, ainsi que l'amélioration de la qualité de l'eau et la réduction du stress. Atébrine 1 gr /100 litres Bains prolongés , Bleu de méthylène 3 cc d'une solution 1% /100 litres Bain pendant 3 à 5 jours Collargol 0,1 mg /litre pendant 20 minutes Ne pas traiter dans l'aquarium , Formol 20 à 25 cc /100 litres Bains de 30 minutes Permanganate de potassium 1 gr /litre

Parasites: Divers parasites externes et internes peuvent affecter le poisson-chat, notamment les douves, les vers et les protozoaires. Le traitement dépend du parasite spécifique et peut impliquer l'utilisation de médicaments appropriés comme le praziquantel, le fenbendazole ou le sulfate de cuivre. De plus, le maintien d'une bonne qualité de l'eau et la prévention de la surpopulation peuvent aider à prévenir les infestations de parasites.

Il est important de noter que le diagnostic et le traitement des maladies des poissons peuvent être difficiles, et il est conseillé de consulter un vétérinaire ou un spécialiste aquatique expérimenté pour assurer un diagnostic précis et un plan de traitement approprié pour votre poisson-chat.

10 LE BUDGET: COMPTE PREVISIONNNEL POUR L'ELEVAGE DE 500 POISSONS

Pour créer un compte d'exploitation prévisionnel de 500 alevins de Clarias (alevins de silure), il faudra tenir compte des différentes dépenses liées à l'élevage des alevins. Voici un exemple de compte d'exploitation provisoire :

Achat d'alevins : Calculez le coût d'acquisition des 500 alevins de Clarias auprès d'un couvoir ou d'un fournisseur. Par exemple, si chaque alevins coûte 100 fr le coût total serait de 50000 fr

Alimentation : Estimez le coût de l'alimentation des poissons pour les alevins. La quantité et le coût des aliments dépendent de la période de croissance et des besoins alimentaires spécifiques. Par exemple, si vous estimez le coût total de l'alimentation à 20 fr par alevins, le total serait de 1 0000 fr

Médicaments et traitements : Considérez le coût de tous les médicaments ou traitements nécessaires pour prévenir ou traiter les maladies et les parasites. Ce coût peut varier considérablement en fonction de l'état de santé des alevins et des médicaments spécifiques requis. Estimer une quantité raisonnable basée sur les prix du marché local ou demandez conseil à un spécialiste de l'aquaculture.

Main-d'œuvre et services publics : Si vous avez embauché du personnel ou payé des services publics comme l'électricité et l'eau pour l'élevage d'alevins, incluez une estimation de ces coûts. Calculez les coûts de main-d'œuvre en fonction des salaires ou des salaires horaires, tandis que les coûts des services publics peuvent être estimés en fonction de l'utilisation passée ou des tarifs locaux.

Entretien du réservoir : tenez compte des dépenses d'entretien de routine telles que le nettoyage du réservoir, les tests de qualité de l'eau et les réparations ou remplacements d'équipement nécessaires.

Dépenses diverses : Inclure un tampon pour les dépenses imprévues ou diverses qui peuvent survenir pendant le processus d'élevage des alevins. Cela peut tenir compte des fournitures supplémentaires, des situations d'urgence ou des coûts imprévus.

Additionnez toutes ces dépenses pour déterminer le compte d'exploitation prévisionnel des 500 alevins de Clarias. Gardez à l'esprit que ces chiffres ne sont que des exemples et que les coûts réels peuvent varier en fonction de votre emplacement, des prix du marché et des circonstances spécifiques. C'est toujours une bonne idée de rechercher les prix locaux, de consulter des experts et de tenir compte de votre situation unique lors de la création d'un compte d'exploitation provisoire.

11.1. Données relatives au compte d'exploitation
✓ Espèces : clarias gariepinus (silure) ;
✓ Densité : 500 alevins ;
✓ Main d'oeuvre : Familiale ;
✓ Disponibilité en eau : puits aménagés pour usage Familiale ;
✓ Durée de grossissement : 04 mois ;
✓ Poids en fin de grossissement : 600g
✓ Taux de mortalité : 3% (reste : 485) ;
✓ Poids total en fin de production : 485 x0,6=291 kg ;
✓ Prix de vente : 2000-2200 F /kg.pour 291 x 2000=582000

Dépenses relatives à l' investissement

Désignation	Cycle 1	Cycle 2	Cycle 3
Achat et installation des bacs 70 000 x 2	140.000	0	0
Epuisettes	10000	0	0
Balance	10000	0	0

Ph mètre digital	15000	0	0
Total	175000	0	0

Charges liées à l' exploitation

Achat des alevins 500x100	50000	50000	50000
Achat de l aliments (Coppens)20 Sacs 12000	240000	240000	240000
Transport	20000	20000	20000
Eau ,energie de pompage	3000	3000	3000
Totaux	313000	313000	313000

Estimation de vente Désignation

Désignation	Cycle1	Cycle2	Cycle3
Recette (nbre kgxpv)	582000	582000	582000
Investissement	175000	0	0
Charge d exploitation	313000	3130000	3130000
Diverses	15000	10000	10000
marge nette	79000	259000	259000

En somme, pour un investissement initial de 175000 F (cent soixante-quinze mille francs) et des charges d'exploitations à hauteur de 313000 on produit 291 kg de poisson frais. Pour un prix de vente moyen de 2000F, on réussit à dégager une marge nette de 79.000 F (soixante-dix-neuf mille F) pour le premier cycle et 259.000F (deux cent cinquante-neuf mille francs) pour chacun des deux prochains cycles. Soit un bénéfice total de 597000F (cinq cent quatre-vingt-dix -sept mille francs) pour les 03 cycles.

ON CONCLUSION

La pisciculture hors sol est possible et pratique dans tout lieu où il y a de l'espace et de l'eau. La mise en place nécessite la confection de bac en béton ou en plastique. L'espèce de poisson à élever dépend des espèces les plus achetées et consommées dans votre région.
L'atteinte des objectifs de production et de la taille nécessaire des poissons pour la vente dans un délais de 3 à 3,5 mois dépend du respect des normes d'alimentation et de renouvellement de l'eau.